Blühende Beete im Garten

Ein biologischer Garten braucht blühende Pflanzen! Die Blüten stellen für den Boden einen wichtigen zusätzlichen Impuls dar. Berücksichtigen Sie deshalb immer auch blühende Beete.

Wenn Sie in Ihrem Garten hauptsächlich Nutzpflanzen wie Gemüse anpflanzen, haben Sie in der Regel nur wenige Blütenpflanzen. Durch eine entsprechende Fruchtfolgeplanung kann dieser Mangel ausgeglichen werden.

Betrachtet man die Pflanze unter dem Gesichtspunkt ihrer ganzheitlichen Entwicklung, stellt der Blühimpuls der Pflanze entsprechend der Konstellationsarbeit eines der vier Entwicklungsmerkmale der Pflanze dar (Wurzel, Blatt, Blüte, Frucht), siehe auch Seite 6. Für ein gesundes Gedeihen der Pflanzen ist es daher wichtig, alle vier Entwicklungsmerkmale im Biogarten zu fördern.

Kleines Gemüsebeet mit Nahrungspflanzen für Insekten – Löwenmäulchen und Ringelblumen.

Man kann die Gemüsebeete regelmäßig durch eine jahreszeitliche Blumenmischung in ein Blumenbeet verwandeln. Achten Sie wegen der langen Fruchtfolgepausen bei Kreuzblütlern darauf, dass aus dieser Familie keine Vertreter dabei sind, wie z. B. Blaukissen, Goldlack, Levkojen. Man kann auch gezielt einzelne Blütenpflanzen wie Ringelblumen, Kornblumen, Kapuzinerkresse etc. aussäen. Die Blüten dieser Gartenpflanzen sind essbar, gesund und beispielsweise im Salat oder im Nachtisch eine höchst dekorative Augenweide. Außerdem unterstützen blühende Pflanzen die vielen Nützlinge im Garten.

Bodenbearbeitung an Wurzeltagen

Die umfassende Bodenbearbeitung für solche speziellen Blumenbeete erfolgt an einem Wurzeltag. Sobald die Pflanzen blühen, wird ebenfalls an einem Wurzeltag das Hornkiesel-Präparat gegeben, damit die abblühende Pflanze vermehrt in die Wurzel wirken kann. Die reifen Samen werden abgepflückt und für die nächste Aussaat im darauffolgenden Jahr gesammelt.

Blumenweiden für Bienen & Co.

Sehr hübsch sieht es aus, wenn wir an den Rändern unserer Gemüsebeete die blühenden Nahrungspflanzen aussäen. Achten Sie bei der Pflanzenwahl darauf, dass Sie möglichst einheimische Arten pflanzen, die zu unterschiedlichen Zeitpunkten im Jahr blühen. So können die Nektar saugenden Nützlinge ein lang an-

Blumenmischungen für Insekten im Beet breitwürfig aussäen.

Blühender Borretsch: Nektarpflanze für Hummeln und Bienen.

Blumeninseln auf Rasenflächen

Wenn Sie eine größere Rasenfläche im Garten haben, lassen Sie Blumeninseln mit Gänseblümchen, Margeriten usw. stehen. Mit der Zeit gesellen sich vielleicht noch andere blühende Pflanzen, wie der wunderschön blühende Wiesen-Salbei, hinzu. Diese Inseln sind nicht nur eine Augenweide, sondern erhöhen den Anteil der blühenden Pflanzen im Garten und somit die Insektennahrung.

haltendes Nahrungsangebot nutzen. Verwenden Sie überwiegend nicht gefüllt blühende Pflanzensorten. Nur sie können als Nahrungsquelle dienen. Bei den gefüllten Blüten wurden die Staubgefäße zu Blütenblättern umgewandelt bzw. umgezüchtet, sodass sie meist weder Pollen noch Nektar tragen.
Vor allem Pflanzen aus der Familie der Korbblütler (Asteraceae) und der Doldenblütler (Apiaceae) sind Insektenweiden. Zu den Korbblütlern zählen z. B. Ringelblume (ungefüllt!), Gänseblümchen, Margerite, Schafgarbe, Kornblume, Schmuckkörbchen, Zinnie und Sonnenblume. Zur Familie der Doldenblütler gehören die Wilde Möhre sowie viele Gewürz- und Nahrungspflanzen, z. B. Kerbel, Dill, Liebstöckel, Petersilie, Koriander und Fenchel.

Tipp

Auch manche Kräuter kann man blühen lassen! Thymian, Ysop, Lavendel, Salbei, Dill und Schnittlauch bekommen, wenn sie nicht für die Verwendung in der Küche geschnitten werden, schöne und für nützliche Insekten sehr attraktive Blüten.

Pflanzengruppen: Blüte, Blatt, Frucht, Wurzel

Auf die einzelnen Pflanzen wirken jeweils unterschiedliche kosmische Konstellationen. Im Hinblick auf die kosmischen Konstellationswirkungen werden sie in vier Gruppen eingeteilt: Wurzelpflanzen, Blattpflanzen, Blütenpflanzen und Fruchtpflanzen.

Die Gruppenzugehörigkeit wird in der Regel immer von dem Pflanzenorgan bestimmt, das geerntet bzw. im Hauptinteresse der Nutzung steht. Nach diesem Prinzip können Sie die entsprechende Gruppenzugehörigkeit bei Bedarf leicht selbst bestimmen.

Im Biogarten ist es wichtig, dass alle vier Pflanzengruppen vertreten sind.

Blütenpflanzen
Merkmal: Im Hauptinteresse der Nutzung steht die Blüte der Pflanze.
Sternbilder: Wassermann, Zwillinge, Waage
Pflanzen: Artischocken, Balkonpflanzen (blühende), Blumenzwiebeln, Brokkoli, Kamille, Kübelpflanzen (blühende), Lavendel (Blütenernte), Rosen, Sommerblumen, Stauden (blühende)

Arbeiten zur Pflanzzeit: Aussaat, Um- und Neupflanzung, Dünger- und Kompostgaben, Hacken, Rückschnitt, Stecklinge bewurzeln, Blumenzwiebeln legen, Rasen mähen, wenn er langsam wachsen soll, jeweils an Blütentagen
Arbeiten zur Nicht-Pflanzzeit: oberirdische Pflegearbeiten, z. B. Pflanzenschutz (nicht hacken, kein Rückschnitt), Schnitt von Stecklingen und Veredelungsreisern, Ernte (auch zur Trocknung), jeweils an Blütentagen

Blattpflanzen
Merkmal: Im Hauptinteresse der Nutzung stehen die Blätter der Pflanze.
Sternbilder: Fische, Krebs, Skorpion
Pflanzen: Balkonpflanzen (Blatt-), Basilikum, Boh

nenkraut, Borretsch, Chinakohl, Chicorée/ Treiberei, Eissalat, Endivien, Feldsalat, Garten-Melde, Grünkohl, Kerbel, Kohlrabi, Kopfsalat, Kübelpflanzen (Blatt-), Lauch/ Porree, Mangold, Neuseeländer Spinat, Pak Choi, Petersilie, Pflücksalat, Radicchio, Rasen, Rhabarber, Römischer Salat, Rosenkohl, Rotkohl, Rucola, Schnittlauch, Schnittsalat, Spinat, Stangen-Sellerie, Stauden (Blatt-), Weißkohl, Wirsing, Zitronenmelisse, Zuckerhut

Arbeiten zur Pflanzzeit: Aussaat, Um- und Neupflanzung, Dünger- und Kompostgaben, Hacken, Rückschnitt, Stecklinge bewurzeln, Rasen und Wiese düngen, jeweils an Blatttagen

Arbeiten zur Nicht-Pflanzzeit: oberirdische Pflegearbeiten, z. B. Pflanzenschutz (nicht hacken, kein Rückschnitt), Schnitt von Stecklingen und Veredelungsreisern, Ernte, Rasen mähen, wenn er schnell und dicht wachsen soll, jeweils an Blatttagen

Fruchtpflanzen

Merkmal: Im Hauptinteresse der Nutzung steht die Frucht der Pflanze.

Sternbilder: Widder, Löwe, Schütze

Pflanzen: Äpfel, Aprikosen, Auberginen, Birnen, Brombeeren, Buschbohnen, Erbsen, Erdbeeren, Feigen, Feuerbohnen, Gurken, Haselnüsse, Heidelbeeren, Himbeeren, Johannisbeeren, Jostabeeren, Kirschen, Kiwi, Kürbis, Mais, Melonen, Mirabellen, Nektarinen, Paprika, Pfirsiche, Pflaumen/Zwetschgen, Preiselbeeren, Quitten, Renekloden, Soja, Stachelbeeren, Stangenbohnen, Tomaten, Trauben, Walnüsse, Wildobst, Zucchini

Arbeiten zur Pflanzzeit: Aussaat, Um- und Neupflanzung, Dünger- und Kompostgaben, Hacken, Stecklinge bewurzeln, jeweils an Fruchttagen

Arbeiten zur Nicht-Pflanzzeit: oberirdische Pflegearbeiten, z. B. Pflanzen-

schutz (nicht hacken, kein Rückschnitt), Schnitt von Stecklingen und Veredelungsreisern, Ernte, jeweils an Fruchttagen

Wurzelpflanzen

Merkmal: Im Hauptinteresse der Nutzung steht die Wurzel der Pflanze.

Sternbilder: Steinbock, Stier, Jungfrau

Pflanzen: Chicorée (Wurzelernte), Karotten/Möhren, Kartoffeln, Knollen-Fenchel, Knollen-Sellerie, Knoblauch, Meerrettich, Pastinake, Radieschen, Rettich, Rote Bete, Schwarzwurzeln, Süßkartoffeln, Topinambur, Zwiebeln

Arbeiten zur Pflanzzeit: Aussaat, Um- und Neupflanzung, Dünger- und Kompostgaben, Hacken, jeweils an Wurzeltagen.

Arbeiten zur Nicht-Pflanzzeit: oberirdische Pflegearbeiten, z. B. Pflanzenschutz (nicht hacken), Ernte, jeweils an Wurzeltagen

Sommerblumen im Porträt

Bart-Nelken: anspruchslos und dankbar in schönen Blütenfarben-Kombinationen.

Hübsche Frühlingskombination Ton-in-Ton: Tulpen mit Bellis.

Duft-Wicke 'Painted Lady' für Rankelemente und schnellen Sichtschutz.

Bart-Nelke

Pflanzenfamilie: Nelkengewächse *(Caryophyllaceae)*

Wuchs: aufrecht buschig, 30 bis 60 cm hoch

Blüte: von Juni bis August in den Farben Weiß, Rosa, Violett, Rot, auch zweifarbig

Standort: sonnig, auf sandig-lehmigen Böden mit mittlerem bis hohem Nährstoffgehalt

Anzucht: ab Februar im Haus bei Temperaturen ab 15 °C vorziehen, die Jungpflanzen dann ab etwa Mitte Mai in den Garten umsiedeln

Pflege: regelmäßig gießen (Staunässe vermeiden!) und Triebe ausknispen, damit die Pflanze schön buschig wächst, ebenso verblühte Stängel regelmäßig entfernen

Verwendung: in Blumenbeeten in Gruppen, in Rabatten oder als Einfassung, kann auch in Pflanzgefäße gesetzt werden und ist eine hübsche Schnittblume für die Vase

Bechermalve

Pflanzenfamilie: Malvengewächse *(Malvaceae)*

Wuchs: aufrecht buschig, 50 bis 120 cm hoch

Blüte: von Juli bis Oktober, becherförmig in Weiß und Rosa

Standort: sonnig, in durchlässigen, sandig-lehmigen Böden mit hohem Nährstoffgehalt

Aussaat: können ab April direkt ins Gartenbeet gesät werden, , säen sich dann auch wieder von alleine aus

Pflege: buschigen Wuchs durch regelmäßiges Entspitzen der Triebe fördern
Verwendung: schöne Bauerngarten-pflanze, Nektarpflanze für Bienen

Bellis/Gänseblümchen

Pflanzenfamilie: Korbblütler *(Asteraceae)*
Wuchs: aufrecht mit flachen Blatt-rosetten, teppichartig durch Selbst-aussaat, ca. 10 bis 30 cm hoch
Blüte: weiß, weiß-rosa, rosa, rot
Standort: sonnig bis halbschattig, in leicht feuchten, lehmigen Böden mit mäßigem Nährstoffgehalt
Anzucht: Jungpflanzen kaufen und dann im Garten für die nächste Saison selbst versamen lassen
Pflege: regelmäßige Wasserversorgung, unkompliziert
Verwendung: in Töpfen und Kübeln, zum Verwildern in Blumeninseln im Rasen, in Rabatten oder als Beetein-fassung, als Unterpflanzung in Kombi-nation mit anderen Frühlingsblühern, auch für die Vase geeignet

Bienenfreund/Phazelie

Pflanzenfamilie: Wasserblattgewächse *(Hydrophyllaceae)*
Wuchs: aufrecht buschig, 60 bis 80 cm hoch
Blüte: von Juni bis September in Blau, Blau-Violett
Standort: sonnig
Anzucht: Aussaat ab April direkt ins Beet; ab August/September als Gründünger zur Bodenbedeckung im Winter
Pflege: anspruchslos, regelmäßige Wassergaben

Bienenfreund/Phazelie ist ein wunderschöner Insektenmagnet.

Verwendung: kann überall in der Frucht-folge eingesetzt werden, weil er mit kei-ner Nutzpflanze im Garten verwandt ist, lockert den Boden, hübsch in Rabatten, in Mischpflanzungen und am Beetrand vor Gartenzäunen, Nektar- und Pollenpflanze für Bienen

Duft-Wicke

Pflanzenfamilie: Hülsenfrüchtler/ Schmetterlingsblütler *(Fabaceae)*
Wuchs: Kletterpflanze, die sich an Zäunen oder Rankgerüsten hochwindet, ca. 100 bis 200 cm lang
Blüte: von Juni bis September, zwei- und vielfarbig, in Weiß-, Rosa-, Rot-, Purpur-, Blautönen mit leichtem Duft. Bildet im Herbst Schoten (Hülsen).
Standort: sonnig bis halbschattig, in mäßig feuchten Böden mit hohem Nähr-stoffgehalt
Anzucht: ab April direkt ins Beet säen (junge Pflanzen sind spätfrostgefährdet)
Pflege: regelmäßig gießen und düngen, im Frühjahr für buschigen Wuchs öfter unerwünschte Triebe einkürzen
Verwendung: zum Beranken von Zäunen, Gittern, Pergolen (als Sichtschutz), Nektarpflanze für Bienen

Klatschmohn

Pflanzenfamilie: Mohngewächse
(Papaveraceae)
Wuchs: aufrecht, 30 bis 60 cm hoch
Blüte: Mai bis Juli in Rot, auch in Weiß
oder Violett, siehe Bild oben
Standort: sonnig, mäßig trockener, durch-
lässiger, eher sandiger Boden
Anzucht: ab März direkt ins Beet; bildet
im Herbst Kapseln und sät sich dann
leicht selbst wieder aus
Pflege: keine besonderen Ansprüche
Verwendung: als Gruppen in bunten,
naturnahen Beeten und Rabatten, auch
im Kübel möglich, dann aber Verblühtes
regelmäßig ausknipsen, um neue Blüten
zu fördern, Pollenpflanze für Bienen

Levkoje

Pflanzenfamilie: Kreuzblütler
(Brassicaceae)
Wuchs: aufrecht, leicht buschig, 30 bis
80 cm hoch
Blüte: Mai bis Juli in vielen Farbvariati-
onen in Weiß, Gelb, Rosa, Purpur, Blau
Standort: sonnig, in frisch sandig-humo-
sem Boden mit ausgeglichener Nähr-
stoffversorgung
Anzucht: ab Februar auf der Fensterbank
vorziehen oder ab Mai direkt ins Beet säen

Pflege: regelmäßig die Triebe entspitzen
und die Pflanzen bewässern, ansonsten
sehr pflegeleicht
Verwendung: als Gruppe für bunte
Blumenbeete oder Rabatten, in Bauern-
gärten, auch für Töpfe und Kübel sowie
als Schnittblume geeignet

Löwenmäulchen

Pflanzenfamilie: Braunwurzgewächse
(Scrophulariaceae)
Wuchs: aufrecht buschig, 30 bis 100 cm
hoch
Blüte: Juni bis Oktober, weiß, gelb, rosa,
rot
Standort: sonnig bis halbschattig,
durchlässig, sandig-humoser Boden
Anzucht: ab Januar im Haus vorziehen
und im April auspflanzen oder im Mai
direkt ins Beet säen
Pflege: für buschigen Wuchs die Jung-
pflanzen nach dem fünften Blattpaar ent-
spitzen, regelmäßig düngen, hohen Sor-
ten einen Stützstab geben
Verwendung: in Gruppen in bunten
Blumenbeeten und Rabatten, auch als
Leitpflanze, Bauerngartenpflanze, für
Töpfe und Kübel sowie als Schnittblume
geeignet

Ringelblume

Pflanzenfamilie: Korbblütler *(Asteraceae)*
Wuchs: aufrecht, stark verzweigt, wächst
sehr schnell, 20 bis 50 cm hoch
Blüte: Mai bis Oktober, gelb, orange
Standort: sonnig, durchlässige, nahrhafte
Böden
Anzucht: ab April bis Juni direkt ins Beet
säen; wenn man die ringelförmigen
Samenstände im Herbst nicht entfernt,
säen sie sich leicht von selbst wieder
aus

Pflege: pflegeleicht
Verwendung: in Gruppen im Bauern-
und Kräutergarten, in Rabatten, an
Wegrändern im Garten, zur Beet-
einfassung, in Mischkulturen, als
Gründünger sowie Pollen- und Nektar-
pflanze für Bienen

Schmuckkörbchen

Pflanzenfamilie: Korbblütler *(Asteraceae)*
Wuchs: aufrecht, stark verzweigt, 60 bis
130 cm hoch
Blüte: Juni bis Oktober, weiß, rosa, rot,
auch zweifarbige Sorten
Standort: sonnig, sandig-humoser Boden
mit ausgeglichener Nährstoffversorgung
Anzucht: ab Mai direkt ins Beet säen,
Jungpflanzenanzucht ab März im Haus
ist auch möglich
Pflege: pflegeleicht, gleichmäßige Was-
serversorgung, regelmäßiges Ausknipsen
der Blütenstände verlängert die Blütezeit
Verwendung: in kleinen Gruppen für
bunte Blumenbeete, im Bauerngarten, in
Rabatten, auch als Schnittblume sowie
für Töpfe und Kübel, Pollen- und Nektar-
pflanze für Bienen

Sonnenblume

Pflanzenfamilie: Korbblütler *(Asteraceae)*
Wuchs: straff aufrecht, 40 cm bis 3 m
hoch, schnell wachsend
Blüte: Juni bis Oktober, gelb, orange, rot-
braun, auch zweifarbig
Standort: sonnig, sandig-lehmige Böden
mit hoher Nährstoffversorgung
Anzucht: ab April direkt ins Beet säen;
neigt zur Selbstaussaat!
Pflege: anspruchslos, häufig gießen,
Einzelpflanzen brauchen ggf. Stütze
Verwendung: in Bauern-, Gemüse- und
Naturgärten, im Einzelstand, in kleinen

Hübsches Sommerblumenbeet mit Schmuck-
körbchen in Weiß, Zinnien in Gelb und Weinrot
sowie rot-pinke Löwenmäulchen.

oder großen Gruppen, für bunte Blumen-
beete, in Rabatten, als Randbepflanzung
(Zäune etc.), kleine Sorten auch für Kübel
und Vasenschnitt, Pollen- und Nektar-
pflanze für Bienen

Spinnenpflanze

Pflanzenfamilie: Kapernstrauchgewächse
(Capparaceae)
Wuchs: aufrecht, 60 bis 150 cm hoch
Blüte: Juli bis September, Farbvariationen
in Weiß, Rosa, Violett und Rot
Standort: sonnig, sandig-humoser Boden
mit sehr guter Nährstoffversorgung
Anzucht: ab März im Haus vorziehen und
ab Mitte Mai dann ins Beet pflanzen
Pflege: Jungpflanzen stutzen, um Trieb-
bildung anzuregen
Verwendung: in kleinen bis großen Grup-
pen in gemischten Beeten, Nektarpflanze
für Bienen

Lila Eisenkraut (links) kombiniert mit Spinnen-
blumen (rechts).

Schöne Rabatte: rosafarbene Schmuckkörb-
chen mit Studentenblumen im Vordergrund.

Studentenblume

Pflanzenfamilie: Korbblütler *(Asteraceae)*
Wuchs: aufrecht buschig, 15 bis 60 cm
hoch, je nach Sorte
Blüte: April bis Oktober, Farbvariationen
in Gelb, Orange, Rot, auch mehrfarbig
Standort: sonnig bis halbschattig, in
durchlässigen Böden mit ausgeglichener
Nährstoffversorgung
Anzucht: Voranzucht ab Februar bis März
im Haus, im Mai dann auspflanzen. Oder
direkt im April ins Beet säen (Achtung:
beliebte Schneckenpflanze!).
Pflege: regelmäßig gießen, Entspitzen
der Haupttriebe fördert buschigen
Wuchs, Verblühtes ausknipsen sowie auf
Schneckenbefall achten und absam-
meln.
Verwendung: einzeln oder in Gruppen in
gemischten Beeten und Rabatten, ebenso
für Kübel geeignet, können Nematoden
von gefährdeten Pflanzen im Boden
fernhalten, gute Mischkulturpflanze,
Nektarpflanze für Bienen

Zinnie

Pflanzenfamilie: Korbblütler *(Asteraceae)*
Wuchs: aufrecht buschig, 40 bis 100 cm
hoch, schnell wachsend
Blüte: Juni bis September, weiß, gelb,
orange, rosa, lachs, rot, purpurn
Standort: sonnig, durchlässiger, mäßig
trockener Boden
Anzucht: ab Februar im Haus auf der
Fensterbank vorziehen und im Mai
auspflanzen oder ab Mai direkt ins Beet
säen
Pflege: pflegeleicht, Verwelktes regel-
mäßig entfernen
Verwendung: in kleinen oder großen
Gruppen in bunten Beeten oder Rabat-
ten, tolle Schnittblume, kleine Sorten
auch für Kübel geeignet, Bauerngarten-
pflanze, Pollen- und Nektarpflanze für
Bienen

Weitere Schönheiten:

Kornblume, Jungfer im Grünen, Ranunkel,
Schlafmützchen, Stockrose

Aussaattage 2021

JANUAR

1	Fr	Neujahr
		SA: 8.24 SU: 16.35

2	Sa	

3	So	

4	Mo	Brombeeren auslichten.
		SA: 8.22 SU: 16.44

5	Di	

6	Mi	Heilige Drei Könige

7	Do	

8	Fr	

9	Sa	

10	So	

11	Mo	
		SA: 8.17 SU: 16.54

12	Di	**Pflanzzeit bis 9.18 Uhr**

13	Mi	

14	Do	

15	Fr	

16	Sa	

				So	**17**
			SA: 8.10 SU: 17.05	Mo	**18**
				Di	**19**
2 +	X		mm	Mi	**20**
				Do	**21**
				Fr	**22**
				Sa	**23**
				So	**24**
			SA: 8.01 SU: 17.16	Mo	**25**
			Pflanzzeit ab 16.39 Uhr	Di	**26**
				Mi	**27**
				Do	**28**
				Fr	**29**
				Sa	**30**
				So	**31**

ab 6.00   ab 20.00   ab 2.00   ab 10.00   ab 12.00   ab 15.00   ab 17.00

Pg 16.39   ☋ 21.12

Abst. Venus-knoten 13.00

1 Fr	2 Sa	3 So	4 Mo	5 Di	6 Mi	7 Do	8 Fr	9 Sa	10 So	11 Mo	12 Di	13 Mi	14 Do	15 Fr	16 Sa

Pflanzzeit

bis 4.30   bis 18.30   bis 0.30   bis 4.45   ab 4.45 (außer 19.15 bis 23.15)   bis 10.30   bis 13.30   bis 15.30   bis 1.00

ab 7.30   ab 21.30   ab 3.30   ab 13.30   ab 16.30   ab 18.30

		ab 16.00		ab 19.00		ab 20.00		♌ 22.48	ab 19.00		ab 0.00			ab 13.00
						Ag 14.11		Aufst. Merkur-knoten 11.00						

17 So	**18** Mo	**19** Di	**20** Mi	**21** Do	**22** Fr	**23** Sa	**24** So	**25** Mo	**26** Di	**27** Mi	**28** Do	**29** Fr	**30** Sa	**31** So

Pflanzzeit

ab 1.00 bis 14.30				(außer 12.15 bis 17.15)	bis 18.30		bis 21.00 (außer 5.00 bis 17.00)	ab 1.00 bis 17.30		bis 22.30	ab 1.30	bis 11.30		
bis 17.30			bis 17.30	ab 20.30	ab 21.30			ab 20.30					ab 14.30		

1	Mo		SA: 7.50 SU: 17.29
2	Di	Radieschen im Gewächshaus aussäen. Mariä Lichtmess	
3	Mi		
4	Do		
5	Fr		
6	Sa		
7	So		
8	Mo	**Pflanzzeit bis 16.34 Uhr**	SA: 7.38 SU: 17.41
9	Di		
10	Mi		
11	Do	Weiberfastnacht	
12	Fr		
13	Sa		
14	So	Valentinstag	
15	Mo	Rosenmontag	SA: 7.25 SU: 17.53
16	Di	Fastnacht	

		Aschermittwoch	Mi	**17**
			Do	**18**
			Fr	**19**
			Sa	**20**
			So	**21**
	SA: 7.11 SU: 18.05		Mo	**22**
		Pflanzzeit ab 1.12 Uhr	Di	**23**
			Mi	**24**
		Frühen Kopfsalat und ersten Frühjahrsspinat aussäen.	Do	**25**
			Fr	**26**
		Tomaten und Paprika auf der Fensterbank vorziehen.	Sa	**27**
			So	**28**

FEBRUAR

ab 1.00

ab 2.00   ab 8.00   ab 16.00   ab 20.00   ab 0.00   ab 2.00

Pg 20.33   ℧ 1.28

1	2	3	4	5	6	7	8	9	10	11	12	13	14	15	16
Mo	Di	Mi	Do	Fr	Sa	So	Mo	Di	Mi	Do	Fr	Sa	So	Mo	Di

Pflanzzeit

bis 0.30   bis 8.45   bis 14.30   bis 23.30   ab 3.30   bis 22.30   ab 1.30   bis 0.30   bis 23.30   ab 2.30

bis 18.30

ab 3.30   ab 9.30   ab 17.30   ab 21.30   ab 3.30

ab 4.00   ab 4.00   ab 4.00   ab 9.00   ab 23.00   ab 10.00

Ag 11.22   ♌ 2.45

17	18	19	20	21	22	23	24	25	26	27	28			
Mi	Do	Fr	Sa	So	Mo	Di	Mi	Do	Fr	Sa	So			

Pflanzzeit

bis 2.30   (außer 9.30 bis 14.30)   bis 2.30   (außer 0.45 bis 4.45)   bis 2.30   bis 7.30   bis 21.30   ab 0.30   bis 8.30

ab 5.30   ab 5.30   ab 5.30   ab 10.30   ab 11.30

1	Mo	Frühe Möhren und Wurzelpetersilie aussäen.
		SA: 6.57 SU: 18.16

2	Di	Zwiebel stecken.

3	Mi	

4	Do	

5	Fr	

6	Sa	

7	So	**Pflanzzeit bis 21.45 Uhr**

8	Mo	
		SA: 6.42 SU: 18.27

9	Di	

10	Mi	

11	Do	

12	Fr	

13	Sa	

14	So	

15	Mo	
		SA: 6.28 SU: 18.39

16	Di	

					Mi	**17**
			mm		Do	**18**
			mm		Fr	**19**
			mm		Frühlingsanfang Sa	**20**
			mm		So	**21**
			mm	SA: 6.16 SU: 18.42	**Pflanzzeit ab 9.35 Uhr** Mo	**22**
			mm		Di	**23**
			mm		Mi	**24**
			mm		Do	**25**
			mm		Erbsen aussäen. Fr	**26**
			mm		Sa	**27**
			mm		Palmsonntag So **Beginn der Sommerzeit** Uhren um 2.00 Uhr auf 3.00 Uhr vorstellen.	**28**
			mm	SA: 7.11 SU: 19.50	Mo	**29**
			mm		Di	**30**
			mm		Mi	**31**

MÄRZ

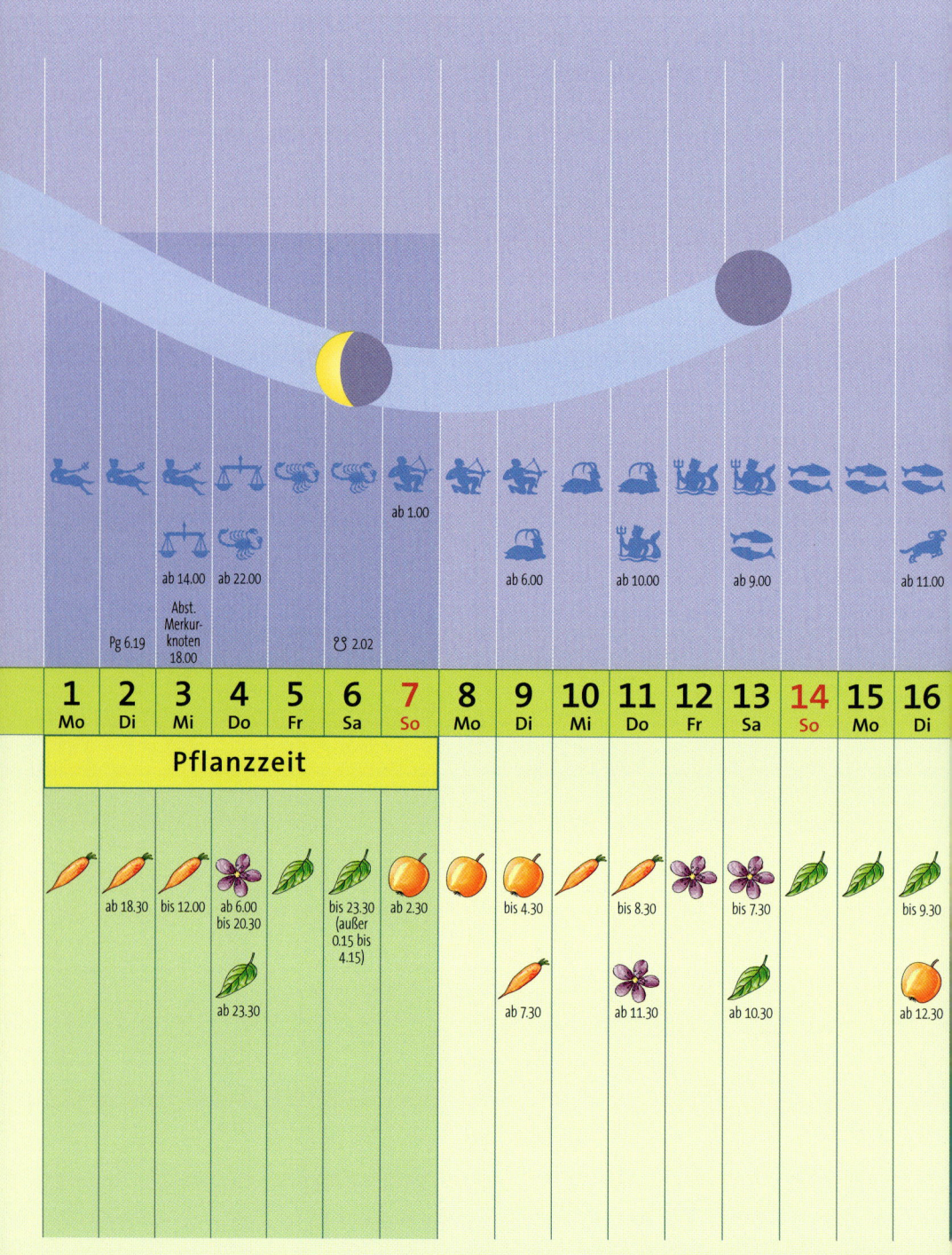

	ab 14.00	ab 22.00				ab 1.00		ab 6.00		ab 10.00		ab 9.00		ab 11.00

Pg 6.19

Abst. Merkurknoten 18.00

☊ 2.02

1 Mo	2 Di	3 Mi	4 Do	5 Fr	6 Sa	7 So	8 Mo	9 Di	10 Mi	11 Do	12 Fr	13 Sa	14 So	15 Mo	16 Di

Pflanzzeit

	ab 18.30	bis 12.00	ab 6.00 bis 20.30		bis 23.30 (außer 0.15 bis 4.15)	ab 2.30		bis 4.30		bis 8.30		bis 7.30			bis 9.30
			ab 23.30					ab 7.30		ab 11.30		ab 10.30			ab 12.30

17 Mi	18 Do	19 Fr	20 Sa	21 So	22 Mo	23 Di	24 Mi	25 Do	26 Fr	27 Sa	28 So	29 Mo	30 Di	31 Mi

Über der Tierkreiszeile:

ab 12.00 | ab 13.00 | ab 19.00 | ab 9.00 | ab 20.00 | ab 23.00

Ag 6.04 | ♌ 4.34 | Pg 8.12

Pflanzzeit

17	18	19	20	21	22	23	24	25	26	27	28	29	30	31
	bis 10.30 (außer 4.15 bis 9.15)		(außer 2.45 bis 6.45)	bis 11.30	bis 17.30		bis 7.30		bis 18.30			bis 20.15	ab 20.15 bis 21.30	ab 0.30
	ab 13.30			ab 14.30	ab 20.30		ab 10.30		ab 21.30					

1	Do	Gründonnerstag

SA: 7.11   SU: 19.50

mm

2	Fr	Karfreitag

mm

3	Sa	Karsamstag

mm

4	So	Ostersonntag

Pflanzzeit bis 4.08 Uhr

mm

5	Mo	Ostermontag

SA: 6.56   SU: 20.01

mm

6	Di	

mm

7	Mi	

mm

8	Do	

mm

9	Fr	

mm

10	Sa	

mm

11	So	Weißer Sonntag

mm

12	Mo	

SA: 6.41   SU: 20.12

mm

13	Di	

mm

14	Mi	

mm

15	Do	

mm

16	Fr	

mm

				Sa	**17**
			Pflanzzeit ab 18.02 Uhr	So	**18**
			SA: 6.25 SU: 20.23	Mo	**19**
				Di	**20**
				Mi	**21**
				Do	**22**
				Fr	**23**
				Sa	**24**
				So	**25**
			SA: 613 SU: 20.24	Mo	**26**
				Di	**27**
				Mi	**28**
				Do	**29**
			Walpurgisnacht	Fr	**30**

ab 6.00		ab 8.00		ab 13.00		ab 16.00		ab 16.00			ab 19.00		ab 20.00		
													Ag 19.47		♌ 7.54
									♋ 4.49						

1	**2**	**3**	**4**	**5**	**6**	**7**	**8**	**9**	**10**	**11**	**12**	**13**	**14**	**15**	**16**
Do	Fr	Sa	So	Mo	Di	Mi	Do	Fr	Sa	So	Mo	Di	Mi	Do	Fr

Pflanzzeit

bis 4.30	(außer 3.00 bis 7.00)	bis 6.30		bis 11.30		bis 14.30		bis 14.30			bis 17.30		bis 18.00		(außer 6.00 bis 10.00)
ab 7.30		ab 9.30		ab 14.30		ab 17.30		ab 17.30			ab 20.30		ab 23.30		

ab 21.00		ab 4.00	ab 19.00			ab 8.00				ab 10.00	ab 16.00		ab 16.00
				Aufst. Merkur- knoten 11.00						Pg 17.24		ꂅ 11.10	

17	18	19	20	21	22	23	24	25	26	27	28	29	30
Sa	So	Mo	Di	Mi	Do	Fr	Sa	So	Mo	Di	Mi	Do	Fr

Pflanzzeit

bis 19.30		bis 2.30	bis 17.30	(außer 5.00 bis 23.00)		bis 6.30			bis 5.30	ab 5.30 bis 14.30	(außer 9.15 bis 13.15)	bis 14.30
ab 22.30		ab 5.30	ab 20.30			ab 9.30				bis 17.30		ab 17.30

MAI

1	Sa	Maifeiertag / Staatsfeiertag (A) Buschbohnen am Vormittag legen. **Pflanzzeit bis 11.37 Uhr**	SA: 6.13 SU: 20.24		mm
2	So				mm
3	Mo		SA: 6.00 SU: 20.45		mm
4	Di				mm
5	Mi				mm
6	Do				mm
7	Fr				mm
8	Sa				mm
9	So	Muttertag			mm
10	Mo		SA: 5.48 SU: 20.55		mm
11	Di	Mamertus (Eisheiliger)			mm
12	Mi	Pankratius (Eisheiliger)			mm
13	Do	Christi Himmelfahrt / Auffahrt (CH) Servatius (Eisheiliger)			mm
14	Fr	Bonifatius (Eisheiliger)			mm
15	Sa	Kalte Sophie (Eisheilige)			mm
16	So	**Pflanzzeit ab 0.25 Uhr**			mm

		Mo	17
mm	SA: 5.38 SU: 21.05		
	Rosenkohl, Grünkohl sowie Kräuter aussäen.	Di	18
mm			
		Mi	19
mm			
	Tomaten ins Freie pflanzen.	Do	20
mm			
		Fr	21
mm			
		Sa	22
mm			
	Pfingstsonntag	So	23
mm			
	Pfingstmontag	Mo	24
mm	SA: 5.29 SU: 21.16		
		Di	25
mm			
		Mi	26
mm			
		Do	27
mm			
	Pflanzzeit bis 21.21 Uhr	Fr	28
mm			
		Sa	29
mm			
		So	30
mm			
		Mo	31
mm	SA: 5.22 SU: 21.23		

MAI

1 Sa	2 So	3 Mo	4 Di	5 Mi	6 Do	7 Fr	8 Sa	9 So	10 Mo	11 Di	12 Mi	13 Do	14 Fr	15 Sa	16 So

Upper symbols row:

| | ab 19.00 | | ab 22.00 | | ab 22.00 | | | | ab 1.00 | | ab 2.00 | | | | ab 3.00 |

| | | | | | Aufst. Venus-knoten 17.00 | | | | Ag 23.54 | | ☊ 12.29 | | | | |

Lower (calendar) section:

| bis 17.30 | | bis 20.30 | | bis 20.30 | | | bis 5.00 | ab 5.00 | bis 22.00 | ab 3.30 | (außer 10.30 bis 14.30) | | bis 1.30 | |
| ab 20.30 | | ab 23.30 | | ab 23.30 | | | | | | | | | ab 4.30 | |

ab 3.00

ab 10.00 | ab 2.00 | ab 17.00 | ab 21.00 | ab 2.00 | ab 4.00

Pg 3.52
℞ 21.32

Abst.
Merkur-
knoten
18.00

17	18	19	20	21	22	23	24	25	26	27	28	29	30	31	
Mo	Di	Mi	Do	Fr	Sa	So	Mo	Di	Mi	Do	Fr	Sa	So	Mo	

Pflanzzeit

bis 8.30 | bis 0.30 | bis 15.30 | bis 19.30 | bis 16.00 | ab 16.00 (außer 19.45 bis 23.45) | bis 0.30 | bis 2.30

bis 11.30 | ab 3.30 | ab 18.30 | ab 22.30 | ab 3.30 | ab 5.30 (außer 12.00 bis 0.00)

JUNI

1	Di	SA: 5.22 SU: 21.23
2	Mi	
3	Do	Fronleichnam
4	Fr	
5	Sa	
6	So	
7	Mo	SA: 5.17 SU: 21.30
8	Di	
9	Mi	
10	Do	
11	Fr	
12	Sa	**Pflanzzeit ab 6.11 Uhr**
13	So	
14	Mo	SA: 5.15 SU: 21.35
15	Di	
16	Mi	

				Do	**17**
				Fr	**18**
			Lagermöhren aussäen.	Sa	**19**
				So	**20**
		SA: 5.17 SU: 21.32	Sommeranfang	Mo	**21**
				Di	**22**
				Mi	**23**
			Johannistag	Do	**24**
			Am Nachmittag alte Blätter von Erdbeeren zurückschneiden.		
			Pflanzzeit bis 7.49 Uhr	Fr	**25**
				Sa	**26**
			Siebenschläfer	So	**27**
		SA: 5.21 SU: 21.29		Mo	**28**
				Di	**29**
				Mi	**30**

mm

JUNI

ab 5.00   ab 4.00   ab 7.00   ab 8.00   ab 9.00   ab 16.00   ab 8.00

Ag 4.27   ♌ 18.44

1	2	3	4	5	6	7	8	9	10	11	12	13	14	15	16
Di	Mi	Do	Fr	Sa	So	Mo	Di	Mi	Do	Fr	Sa	So	Mo	Di	Mi

Pflanzzeit

bis 3.30 | bis 2.30 | | bis 5.30 | | bis 2.30 | (außer 16.45 bis 20.45) | | bis 7.30 | bis 14.30 | | bis 6.30 |

ab 6.30 | ab 5.30 | | ab 8.30 | ab 9.30 | | ab 10.30 | ab 17.30 | | ab 9.30

ab 0.00 ab 6.00 ab 13.00 ab 13.00 ab 14.00 ab 14.00 ab 12.00

8.07
Pg 11.58

17	18	19	20	21	22	23	24	25	26	27	28	29	30
Do	Fr	Sa	So	Mo	Di	Mi	Do	Fr	Sa	So	Mo	Di	Mi

Pflanzzeit

bis 22.30 ab 1.30 bis 4.30 bis 11.30 ab 0.00 bis 11.30 bis 12.30 bis 12.30 bis 10.30

ab 7.30 ab 14.30 bis 0.00 ab 14.30 ab 15.30 ab 15.30 ab 13.30

| 1 | Do | | | | |
| | | SA: 5.21 SU: 21.29 | | | mm |

| 2 | Fr | | | | |
| | | | | | mm |

| 3 | Sa | | | | |
| | | | | | mm |

| 4 | So | | | | |
| | | | | | mm |

| 5 | Mo | | | | |
| | | SA: 5.27 SU: 21.25 | | | mm |

| 6 | Di | | | | |
| | | | | | mm |

| 7 | Mi | | | | |
| | | | | | mm |

| 8 | Do | | | | |
| | | | | | mm |

| 9 | Fr | Pflanzzeit ab 12.05 Uhr | | | |
| | | | | | mm |

| 10 | Sa | | | | |
| | | | | | mm |

| 11 | So | | | | |
| | | | | | mm |

| 12 | Mo | | | | |
| | | SA: 5.35 SU: 21.21 | | | mm |

| 13 | Di | | | | |
| | | | | | mm |

| 14 | Mi | | | | |
| | | | | | mm |

| 15 | Do | | | | |
| | | | | | mm |

| 16 | Fr | | | | |
| | | | | | mm |

	mm		Sa	**17**
	mm		So	**18**
	mm	SA: 5.43 SU: 21.18	Mo	**19**
	mm		Di	**20**
	mm		Mi	**21**
	mm	Pflanzzeit bis 17.12 Uhr	Do	**22**
	mm	Beginn der Hundstage	Fr	**23**
	mm		Sa	**24**
	mm		So	**25**
	mm	SA: 5.53 SU: 21.08	Mo	**26**
	mm		Di	**27**
	mm		Mi	**28**
	mm		Do	**29**
	mm		Fr	**30**
	mm		Sa	**31**

JULI

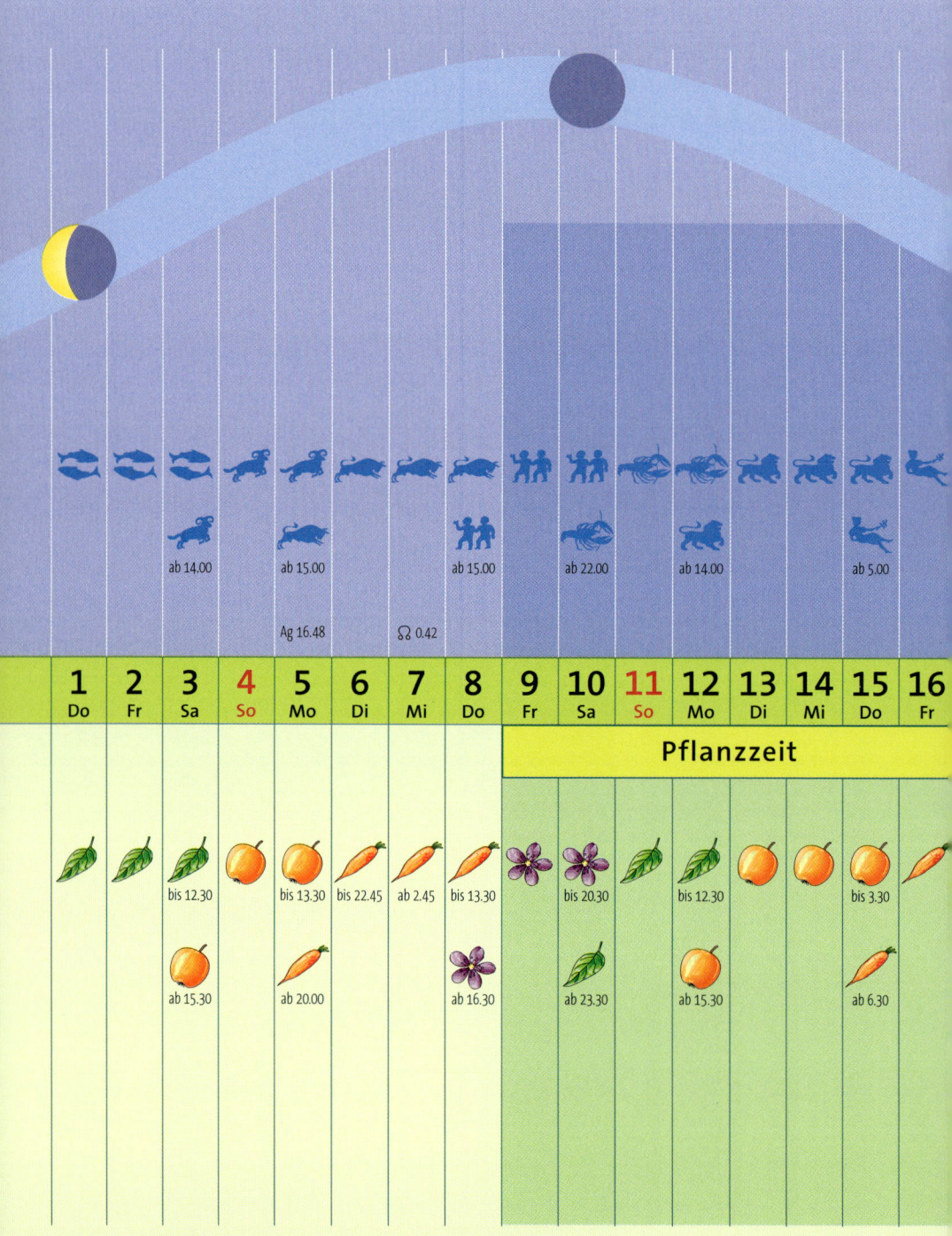

ab 14.00				ab 15.00				ab 15.00		ab 22.00		ab 14.00			ab 5.00
		Ag 16.48				♎ 0.42									

1	**2**	**3**	**4**	**5**	**6**	**7**	**8**	**9**	**10**	**11**	**12**	**13**	**14**	**15**	**16**
Do	Fr	Sa	So	Mo	Di	Mi	Do	Fr	Sa	So	Mo	Di	Mi	Do	Fr

Pflanzzeit

1	2	3	4	5	6	7	8	9	10	11	12	13	14	15	16
		bis 12.30		bis 13.30	bis 22.45	ab 2.45	bis 13.30	bis 20.30		bis 12.30				bis 3.30	
		ab 15.30		ab 20.00			ab 16.30		ab 23.30	ab 15.30				ab 6.30	

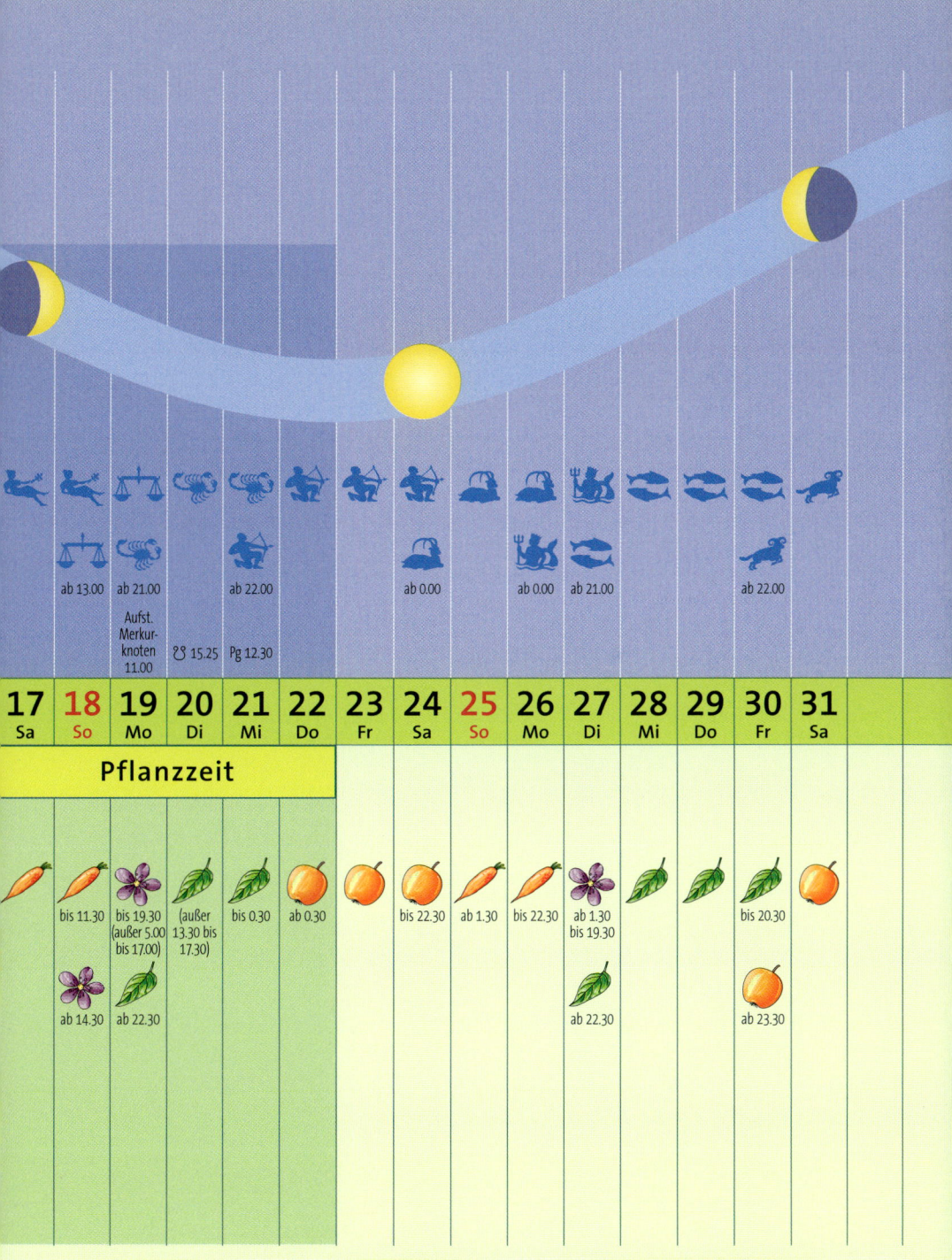

ab 13.00 | ab 21.00 | | ab 22.00 | | | ab 0.00 | | ab 0.00 | ab 21.00 | | | | ab 22.00

Aufst.
Merkur-
knoten
11.00

♋ 15.25   Pg 12.30

| **17**
Sa | **18**
So | **19**
Mo | **20**
Di | **21**
Mi | **22**
Do | **23**
Fr | **24**
Sa | **25**
So | **26**
Mo | **27**
Di | **28**
Mi | **29**
Do | **30**
Fr | **31**
Sa |

Pflanzzeit

| bis 11.30 | bis 19.30
(außer 5.00
bis 17.00) | (außer
13.30 bis
17.30) | bis 0.30 | ab 0.30 | | bis 22.30 | ab 1.30 | bis 22.30 | ab 1.30
bis 19.30 | | | bis 20.30 | |

ab 14.30 | ab 22.30 | | | | | | | | ab 22.30 | | | ab 23.30 |

1	So	Nationalfeiertag (CH)
		SA: 5.53 SU: 21.08
2	Mo	
		SA: 6.03 SU: 20.57
3	Di	
4	Mi	
5	Do	**Pflanzzeit ab 18.46 Uhr**
6	Fr	
7	Sa	Herbstspinat aussäen.
8	So	Friedensfest
9	Mo	
		SA: 6.13 SU: 20.44
10	Di	
11	Mi	
12	Do	
13	Fr	
14	Sa	
15	So	Mariä Himmelfahrt
16	Mo	
		SA: 6.24 SU: 20.31

				Di	**17**
				Mi	**18**
			Pflanzzeit bis 0.24 Uhr	Do	**19**
				Fr	**20**
				Sa	**21**
			Ende der Hundstage	So	**22**
			SA: 6.34 SU: 20.16	Mo	**23**
				Di	**24**
				Mi	**25**
				Do	**26**
				Fr	**27**
				Sa	**28**
				So	**29**
			SA: 6.45 SU: 20.01	Mo	**30**
				Di	**31**

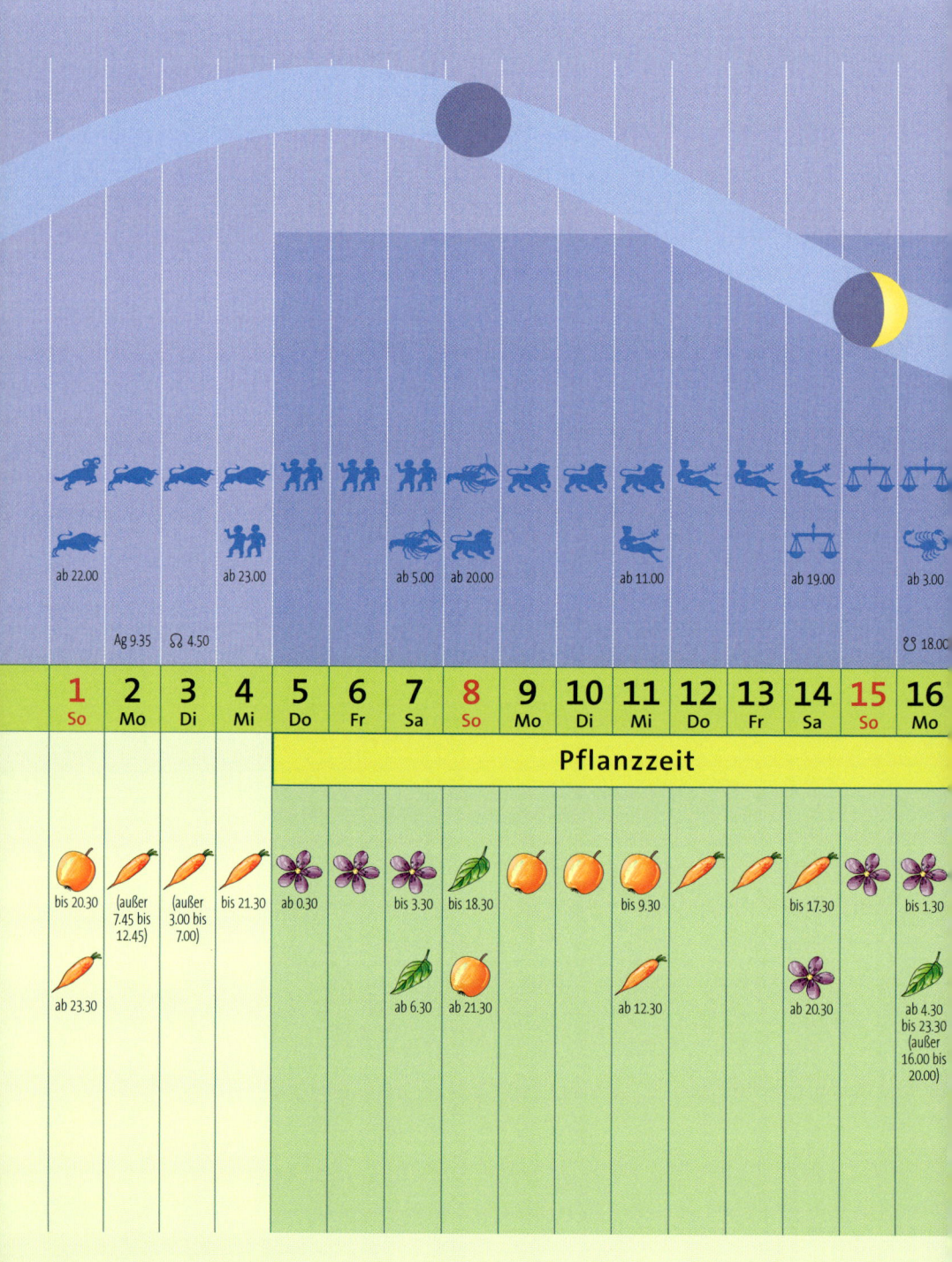

ab 22.00 | ab 23.00 | ab 5.00 | ab 20.00 | ab 11.00 | ab 19.00 | ab 3.00

Ag 9.35   ♍ 4.50

♏ 18.00

| 1 | 2 | 3 | 4 | 5 | 6 | 7 | 8 | 9 | 10 | 11 | 12 | 13 | 14 | 15 | 16 |
| So | Mo | Di | Mi | Do | Fr | Sa | So | Mo | Di | Mi | Do | Fr | Sa | So | Mo |

Pflanzzeit

bis 20.30 | (außer 7.45 bis 12.45) | (außer 3.00 bis 7.00) | bis 21.30 | ab 0.30 | | bis 3.30 | bis 18.30 | | | bis 9.30 | | | bis 17.30 | bis 1.30 |

ab 23.30

ab 6.30 | ab 21.30

ab 12.30

ab 20.30

ab 4.30 bis 23.30 (außer 16.00 bis 20.00)

			ab 6.00		ab 9.00		ab 9.00		ab 6.00			ab 6.00		ab 6.00

| Pg 11.23 | | | | Pg 12.59 | | | | | Abst. Merkur-knoten 17.00 | | | | Abst. Venus-knoten 7.00 | Ag 4.22 ♌ 7.13 |

17 Di	18 Mi	19 Do	20 Fr	21 Sa	22 So	23 Mo	24 Di	25 Mi	26 Do	27 Fr	28 Sa	29 So	30 Mo	31 Di
ab 23.30	bis 4.30		bis 7.30		bis 7.30		bis 4.30		(außer 11.00 bis 23.00)	bis 4.30	bis 19.00	–	(außer 2.30 bis 9.15)	
	ab 7.30		ab 10.30		ab 10.30		ab 7.30				ab 7.30	ab 19.00		

1	Mi		
		SA: 6.45 SU: 20.01	mm
2	Do	**Pflanzzeit ab 2.23 Uhr**	mm
3	Fr		mm
4	Sa		mm
5	So		mm
6	Mo	Alte Ruten von Himbeeren herausschneiden.	
		SA: 6.55 SU: 19.45	mm
7	Di		mm
8	Mi	Mariä Geburt	mm
9	Do		mm
10	Fr		mm
11	Sa		mm
12	So		mm
13	Mo		
		SA: 7.06 SU: 19.31	mm
14	Di		mm
15	Mi	**Pflanzzeit bis 5.48 Uhr**	mm
16	Do		mm

				Fr	**17**
		mm		Sa	**18**
		mm		So	**19**
		mm		Mo	**20**
		mm	SA: 7.16 SU: 19.15	Di	**21**
		mm		Mi	**22** Herbstanfang
		mm		Do	**23**
		mm		Fr	**24**
		mm		Sa	**25**
		mm		So	**26**
		mm	SA: 7.27 SU: 19.00	Mo	**27**
		mm		Di	**28**
		mm	Pflanzzeit ab 10.26 Uhr	Mi	**29**
		mm		Do	**30**

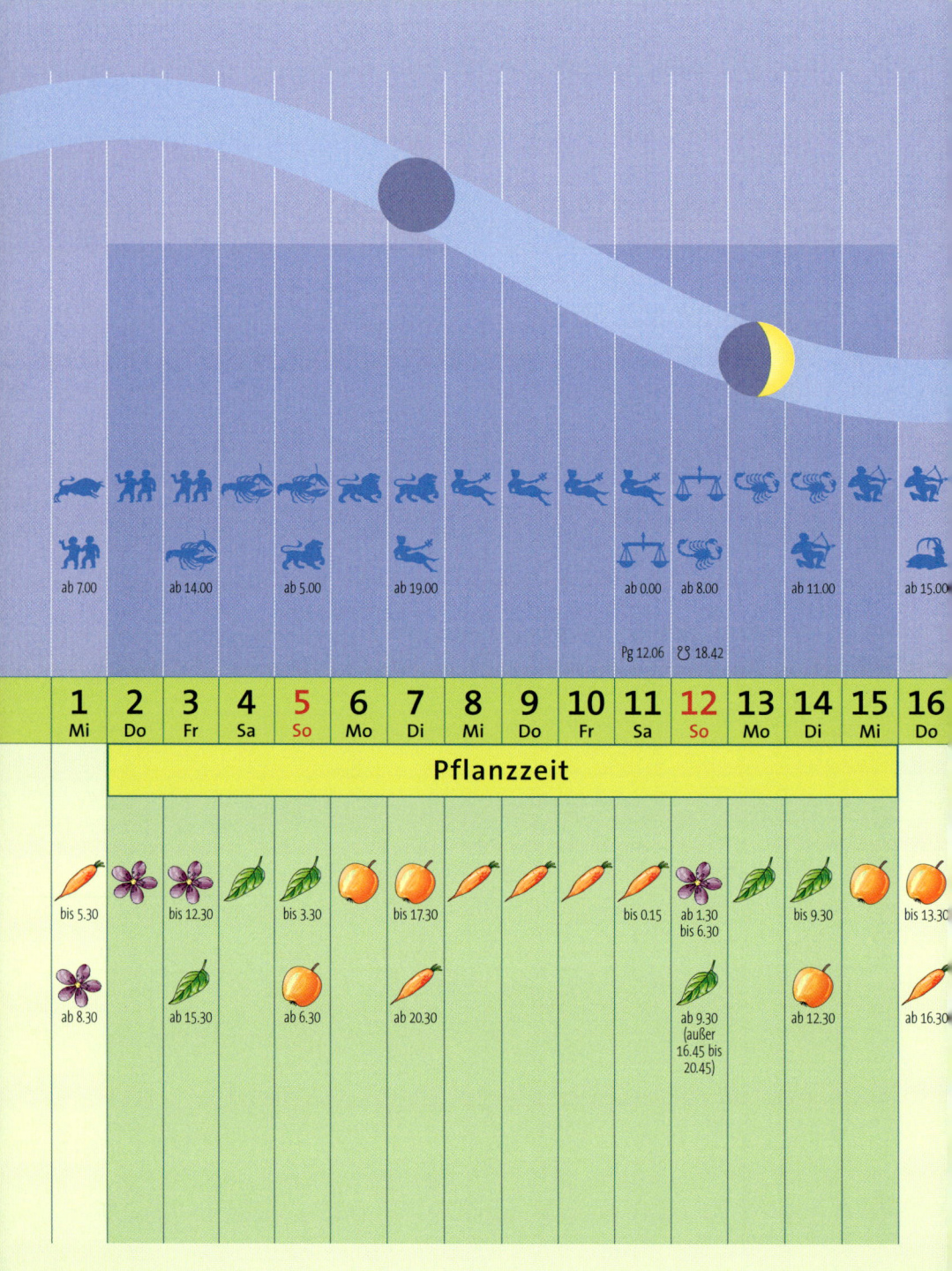

1 Mi	2 Do	3 Fr	4 Sa	5 So	6 Mo	7 Di	8 Mi	9 Do	10 Fr	11 Sa	12 So	13 Mo	14 Di	15 Mi	16 Do

Pflanzzeit

| bis 5.30 | bis 12.30 | bis 3.30 | | bis 17.30 | | | | | | bis 0.15 | ab 1.30 bis 6.30 | | bis 9.30 | | bis 13.30 |
| ab 8.30 | ab 15.30 | ab 6.30 | | ab 20.30 | | | | | | | ab 9.30 (außer 16.45 bis 20.45) | | ab 12.30 | | ab 16.30 |

Zodiac row: ab 7.00 / ab 14.00 / ab 5.00 / ab 19.00 / ab 0.00 / ab 8.00 / ab 11.00 / ab 15.00

Pg 12.06   ☊ 18.42

ab 16.00   ab 14.00   ab 14.00   ab 14.00   ab 15.00   ab 22.00

♌ 9.35
Ag 23.44

17 Fr	18 Sa	19 So	20 Mo	21 Di	22 Mi	23 Do	24 Fr	25 Sa	26 So	27 Mo	28 Di	29 Mi	30 Do
	bis 14.30	bis 12.30			bis 12.30		bis 12.30	bis 21.45 (außer 7.45 bis 11.45)	ab 2.45	bis 13.30		bis 20.30	
	ab 17.30	ab 15.30			ab 15.30		ab 15.30				ab 16.30	ab 23.30	

1	Fr				
		SA: 7.27 SU: 19.00			mm

2	Sa				mm

3	So	Tag der Deutschen Einheit			
		Erntedankfest			mm

4	Mo				
		SA: 7.38 SU: 18.45			mm

5	Di				mm

6	Mi				mm

7	Do				mm

8	Fr				mm

9	Sa				mm

10	So				mm

11	Mo	Vormittags Winterspinat und letzten Feldsalat			
		für Frühlingsernte aussäen.			
		SA: 7.49 SU: 18.30			mm

12	Di	**Pflanzzeit bis 11.09 Uhr**			mm

13	Mi				mm

14	Do	Ernte von Wurzellagergemüse und mit wenig Erde einlagern,			
		z.B. in Miete.			mm

15	Fr				mm

16	Sa				mm

	mm				So	**17**
	mm	SA: 8.01 SU: 18.16			Mo	**18**
	mm				Di	**19**
	mm				Mi	**20**
	mm				Do	**21**
	mm				Fr	**22**
	mm				Sa	**23**
	mm	**Ende der Sommerzeit** Uhren um 3.00 Uhr auf 2.00 Uhr zurückstellen.			So	**24**
	mm	SA: 7.12 SU: 17.04			Mo	**25**
	mm	Nationalfeiertag (A) **Pflanzzeit ab 18.04 Uhr**			Di	**26**
	mm				Mi	**27**
	mm				Do	**28**
	mm				Fr	**29**
	mm				Sa	**30**
	mm	Reformationstag/Halloween			So	**31**

OKTOBER

ab 14.00				ab 4.00			ab 8.00	ab 15.00			ab 17.00		ab 21.00		ab 22.00

Pg 19.28   ℧ 21.38

Aufst.
Merkur-
knoten
10.00

1	2	3	4	5	6	7	8	9	10	11	12	13	14	15	16
Fr	Sa	So	Mo	Di	Mi	Do	Fr	Sa	So	Mo	Di	Mi	Do	Fr	Sa

Pflanzzeit

bis 12.30

bis 2.30

bis 6.30

ab 7.30
bis 13.30

bis 15.30

bis 19.30

bis 20.30
(außer 4.00
bis 16.00)

ab 15.30

ab 5.30

ab 16.30
(außer
19.45 bis
23.45)

ab 18.30

ab 22.30

ab 23.30

| ab 20.00 | | | ab 21.00 | | ab 21.00 | | | | ab 22.00 | | | | ab 7.00 | ab 23.00 | | |

♌ 13.44   Ag 17.30

17 So	18 Mo	19 Di	20 Mi	21 Do	22 Fr	23 Sa	24 So	25 Mo	26 Di	27 Mi	28 Do	29 Fr	30 Sa	31 So

Pflanzzeit

| bis 18.30 | | | bis 19.30 | | bis 19.30 | (außer 11.45 bis 15.45) | (außer 15.30 bis 20.30) | bis 20.30 | | | | bis 5.30 | bis 21.30 | ab 0.30 | |
| ab 21.30 | | ab 22.30 | | ab 22.30 | | | ab 23.30 | | | | | ab 8.30 | | | |

NOVEMBER

1	Mo	Allerheiligen
		SA: 7.24 SU: 16.52

2	Di	Allerseelen

3	Mi	

4	Do	

5	Fr	

6	Sa	

7	So	

8	Mo	**Pflanzzeit bis 17.27 Uhr**
		SA: 7.36 SU: 16.42

9	Di	

10	Mi	

11	Do	Martinstag

12	Fr	

13	Sa	

14	So	Volkstrauertag

15	Mo	
		SA: 7.47 SU: 16.34

16	Di	

					Buß- und Bettag	Mi	**17**
						Do	**18**
						Fr	**19**
						Sa	**20**
					Totensonntag	So	**21**
					Pflanzzeit ab 23.43 Uhr	Mo	**22**
			SA: 7.57 SU: 16.28			Di	**23**
						Mi	**24**
						Do	**25**
						Fr	**26**
						Sa	**27**
					1. Advent	So	**28**
			SA: 8.07 SU: 16.24			Mo	**29**
						Di	**30**

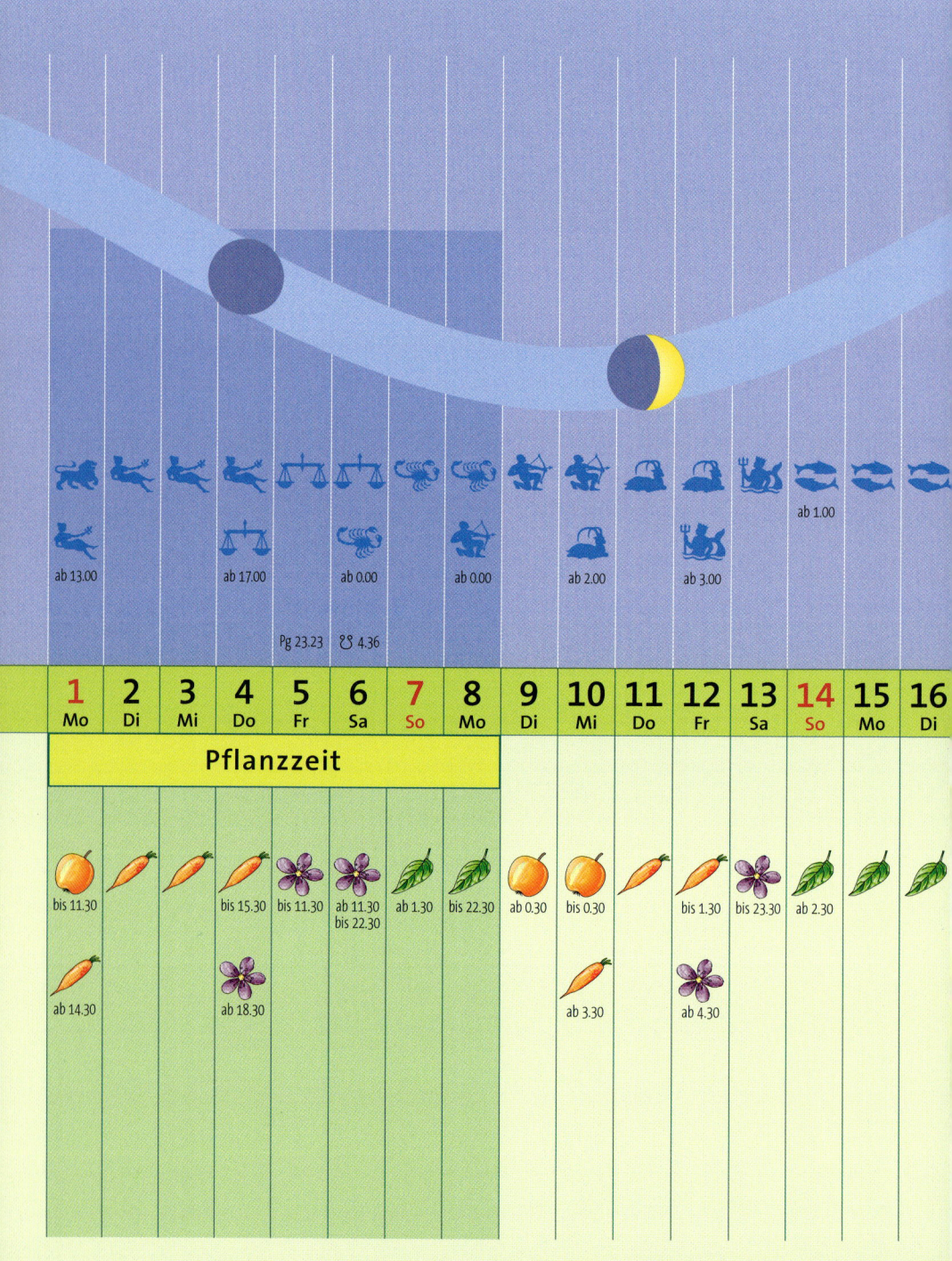

ab 1.00

ab 13.00   ab 17.00   ab 0.00   ab 0.00   ab 2.00   ab 3.00

Pg 23.23   ℧ 4.36

| 1 | 2 | 3 | 4 | 5 | 6 | 7 | 8 | 9 | 10 | 11 | 12 | 13 | 14 | 15 | 16 |
| Mo | Di | Mi | Do | Fr | Sa | So | Mo | Di | Mi | Do | Fr | Sa | So | Mo | Di |

Pflanzzeit

bis 11.30   bis 15.30   bis 11.30   ab 11.30   ab 1.30   bis 22.30   ab 0.30   bis 0.30   bis 1.30   bis 23.30   ab 2.30
                                                      bis 22.30

ab 14.30   ab 18.30   ab 3.30   ab 4.30

ab 3.00	ab 3.00				ab 4.00		ab 12.00		ab 6.00		ab 23.00		
	♋ 18.59		Ag 3.14		Abst. Merkur-knoten 16.00								

17 Mi	18 Do	19 Fr	20 Sa	21 So	22 Mo	23 Di	24 Mi	25 Do	26 Fr	27 Sa	28 So	29 Mo	30 Di

Pflanzzeit

bis 1.30		bis 1.30		(außer 1.15 bis 6.15)	bis 2.30		bis 10.30		bis 4.30		bis 21.30	ab 0.30	
ab 4.30		ab 4.30 (außer 17.00 bis 21.00)			ab 5.30 (außer 10.00 bis 22.00)		ab 13.30		ab 7.30				

1	Mi		SA: 8.07 SU: 16.24
2	Do		
3	Fr		
4	Sa	Barbaratag	
5	So	2. Advent	
6	Mo	Nikolaus **Pflanzzeit bis 3.25 Uhr**	SA: 8.14 SU: 16.22
7	Di		
8	Mi	Mariä Empfängnis	
9	Do		
10	Fr		
11	Sa		
12	So	3. Advent	
13	Mo		SA: 8.17 SU: 16.20
14	Di		
15	Mi		
16	Do		

		Fr	**17**
mm		Sa	**18**
mm	4. Advent	So	**19**
SA: 8.23 SU: 16.27 mm	Pflanzzeit ab 5.32 Uhr	Mo	**20**
mm	Winteranfang	Di	**21**
mm		Mi	**22**
mm		Do	**23**
mm	Heiligabend	Fr	**24**
mm	1. Weihnachtsfeiertag	Sa	**25**
mm	2. Weihnachtsfeiertag	So	**26**
SA: 8.24 SU: 16.35 mm		Mo	**27**
mm		Di	**28**
mm		Mi	**29**
mm		Do	**30**
mm	Silvester	Fr	**31**

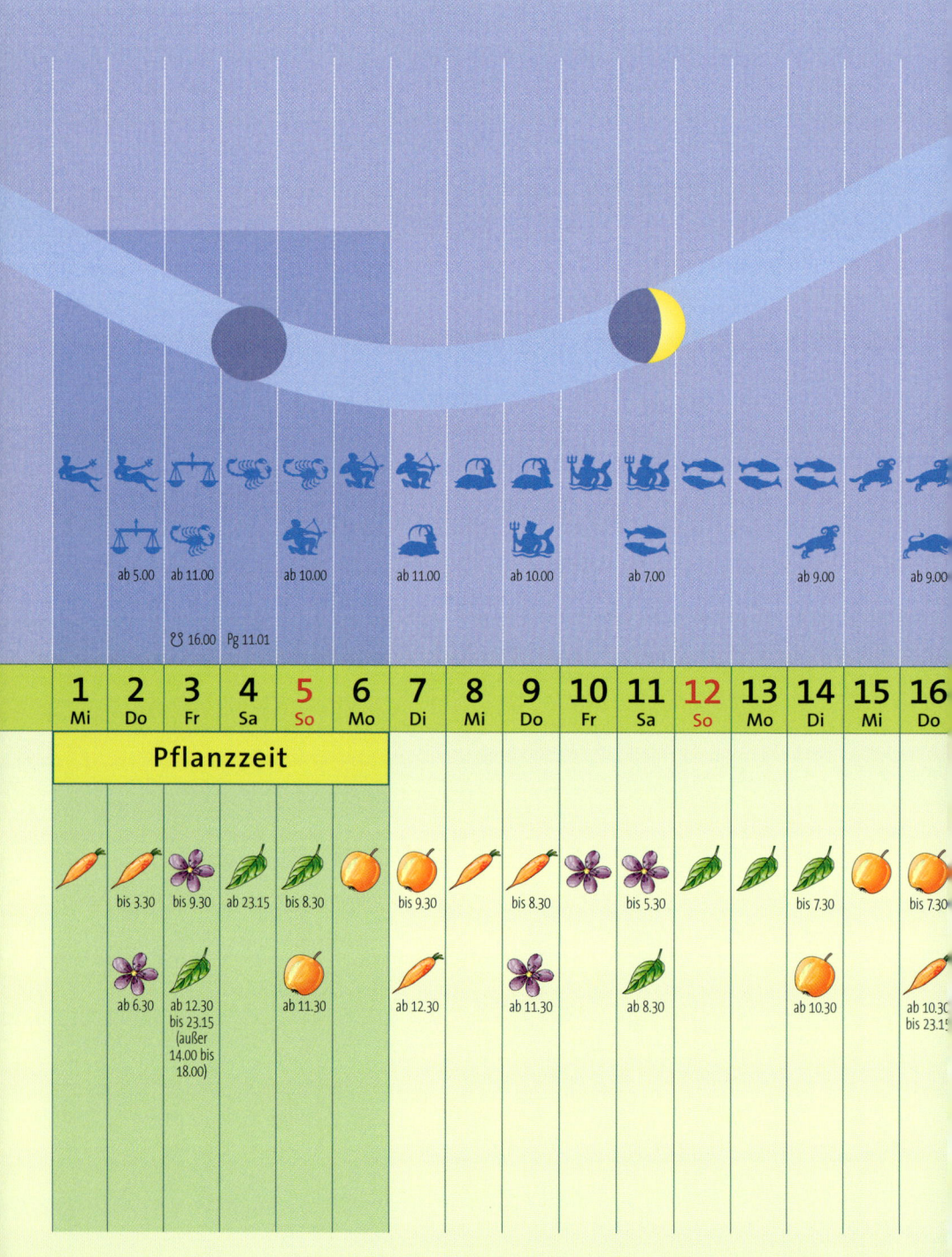

ab 5.00	ab 11.00		ab 10.00		ab 11.00		ab 10.00		ab 7.00				ab 9.00		ab 9.00

♋ 16.00   Pg 11.01

1 Mi	**2** Do	**3** Fr	**4** Sa	**5** So	**6** Mo	**7** Di	**8** Mi	**9** Do	**10** Fr	**11** Sa	**12** So	**13** Mo	**14** Di	**15** Mi	**16** Do

Pflanzzeit

	bis 3.30	bis 9.30	ab 23.15	bis 8.30		bis 9.30		bis 8.30		bis 5.30			bis 7.30		bis 7.30
	ab 6.30	ab 12.30 bis 23.15 (außer 14.00 bis 18.00)		ab 11.30		ab 12.30		ab 11.30		ab 8.30			ab 10.30		ab 10.30 bis 23.15

		ab 10.00		ab 18.00		ab 12.00			ab 6.00			ab 15.00	ab 22.00	
		Abst. Mars- knoten 18.00	Aufst. Venus- knoten 9.00											
ℌ 1.12	Ag 3.16												☋ 2.07	

17 Fr	**18** Sa	**19** So	**20** Mo	**21** Di	**22** Mi	**23** Do	**24** Fr	**25** Sa	**26** So	**27** Mo	**28** Di	**29** Mi	**30** Do	**31** Fr

Pflanzzeit

ab 3.15	(außer 1.30 bis 6.30)	bis 6.00 —	ab 21.00	bis 16.30 ab 19.30	bis 10.30	bis 10.30 ab 13.30	bis 4.30		bis 4.30 ab 7.30			bis 13.30 ab 16.30	bis 20.30 ab 23.30	(außer 0.15 bis 4.15)

Bildnachweis

Mit 19 Farbfotos von:
Peter Berg/Jürgen Weisheitinger: S. 2, 4 alle drei, 6 beide, 7 alle drei;
Flora Press/Otmar Diez S. 4, /Daniela Kunze S. 10, /gartenfoto.at S. 11, /Evi Pelzer S. 12 li, / Visions S. 12 re;
shutterstock/Alexander Raths S. 3, /Mathisa S. 8 o, /Peter Turner Photography S. 8 Mi, S. 8 u, / Jake Pause S. 9;

Mit Illustrationen von:
Jochen Gündel: Umschlaginnenseite sowie Symbole Apfel, Blüte, Blatt, Wurzel auf Umschlaginnenseite und Kalendarium.

Impressum

Umschlaggestaltung von Walter & Grafik GmbH, Würzburg unter Verwendung von zwei Farbfotos von GAP Photos/Dave Zubraski (Umschlagvorderseite, zeigt *Papaver somniferum*) und Flora Press/Otmar Diez (Umschlagrückseite, zeigt Kohlrabi).

Unser gesamtes Programm finden Sie unter **kosmos.de**.
Über Neuigkeiten informieren Sie regelmäßig unsere Newsletter, einfach anmelden unter **kosmos.de/newsletter**

Gedruckt auf chlorfrei gebleichtem Papier

MIX
Papier aus verantwortungsvollen Quellen
FSC
www.fsc.org
FSC® C084279

Die Aussaattage wurden auf der Grundlage der Astronomischen Konstellationen an der mathematisch-astronomischen Sektion des Goetheanums in Dornach, Schweiz, berechnet und von der Kosmos Garten-Redaktion bearbeitet.

© 2020, Franckh-Kosmos Verlags-GmbH & Co. KG, Stuttgart.
Alle Rechte vorbehalten
ISBN 978-3-440-16910-0
Texte: Peter Berg, Kosmos Garten-Redaktion
Projektleitung: Birgit Grimm
Redaktion und Bildredaktion: Birgit Grimm
Gestaltungskonzept: Atelier Reichert, Stuttgart
Gestaltung und Satz: typopoint GbR, Ostfildern
Produktion: Klaus Jost
Druck und Bindung: Print Consult GmbH, München
Printed in Slovenia / Imprimé en Slovénie

Paradies im eigenen Garten
——Für Bienen, Hummeln und Co.

128 Seiten, ca. € (D) 16,99

Wie verwandelt man seinen Garten in ein blütenreiches Paradies für Bienen, Hummeln und Schmetterlinge? Ob Land oder Stadt, ein insektenfreundlicher Garten lässt sich überall verwirklichen. Wie man ihn plant, gestaltet, jahreszeitlich pflegt und erhält wird Schritt für Schritt erklärt. Porträts der wichtigsten Insekten und Gartenpflanzen runden diesen reich bebilderten Ratgeber ab.

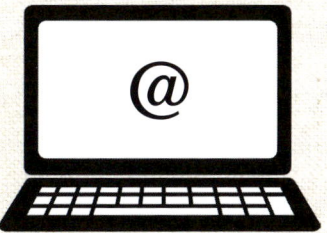

Wichtige Gartenpflanzen und ihre Gruppenzugehörigkeit

Fruchtpflanzen

- Äpfel
- Aprikosen
- Auberginen
- Birnen
- Brombeeren
- Busch-Bohnen
- Erbsen
- Erdbeeren
- Feigen
- Feuer-Bohnen
- Gurken
- Haselnüsse
- Heidelbeeren
- Himbeeren
- Japanische Weinbeeren
- Johannisbeeren
- Jostabeeren
- Kirschen, Sauer-, Süß-
- Kiwi
- Kürbisse
- Loganbeeren
- Mais
- Mirabellen
- Nektarinen
- Paprika
- Pfirsiche
- Pflaumen/Zwetschen
- Preiselbeeren
- Quitten
- Renekloden
- Soja
- Stachelbeeren
- Stangen-Bohnen
- Tomaten
- Walnüsse
- Weinreben
- Wildobst
- Zucchini
- Zucker-Mais
- Zucker-Melonen

Blütenpflanzen

- Artischocken
- Balkonpflanzen, blühende
- Blumenzwiebeln
- Brokkoli
- Kamille, Echte
- Kübelpflanzen, blühende
- Lavendel, Blütenernte
- Rosen
- Sommerblumen
- Stauden, blühende

Blattpflanzen

- Balkonpflanzen, Blatt-
- Basilikum
- Blumenkohl
- Bohnenkraut
- Borretsch
- Chinakohl
- Chicorée/Treiberei
- Eissalat
- Endivien
- Feldsalat
- Garten-Melde
- Grünkohl
- Kerbel
- Knollen-Fenchel
- Kohlrabi
- Kopfsalat
- Kresse
- Kübelpflanzen, Blatt-
- Lauch/Porree
- Mangold
- Neuseeländer Spinat
- Pak Choi
- Petersilie
- Pflücksalat
- Radicchio
- Rasen
- Rhabarber
- Römischer Salat
- Rosenkohl
- Rotkohl
- Rucola
- Schnittlauch
- Schnittsalat
- Spinat
- Stangen-Sellerie
- Stauden, Blatt-
- Weißkohl
- Wirsing
- Zitronen-Melisse
- Zuckerhut

Wurzelpflanzen

- Chicorée/Wurzel
- Karotten/Möhren
- Kartoffeln
- Knollen-Sellerie
- Knoblauch
- Meerrettich
- Pastinake
- Radieschen
- Rettich
- Rote Bete
- Schwarzwurzeln
- Süßkartoffeln
- Topinambur
- Zwiebeln

Hier haben wir für Sie bereits die wichtigsten Gartenpflanzen entsprechend ihrer Gruppenzugehörigkeit im Überblick zusammengestellt. Da die Gruppenzugehörigkeit dabei in der Regel immer von dem Pflanzenorgan bestimmt wird, das geerntet wird bzw. im Hauptinteresse der Nutzung steht, können Sie nach diesem Prinzip die entsprechende Gruppenzugehörigkeit bei Bedarf leicht selbst bestimmen.